米苏夫人的闺密悄悄话

定个小目标

[德] 米苏夫人 著

余荃 译

青岛出版集团 | 青岛出版社

Madame Missou ist schlagfertig
© 2017 GABAL Verlag GmbH, Offenbach
Published by GABAL Verlag GmbH
Simplified Chinese Language Translation Copyright © (Year of Publication) by Qingdao Publishing House Co., Ltd.
Arranged through CA-LINK International LLC. (www.ca-link.cn)

山东省版权局著作权合同登记号　图字：15-2021-235

图书在版编目（CIP）数据

定个小目标 /（德）米苏夫人著；余荃译. — 青岛：青岛出版社，2022.1
ISBN 978-7-5552-3313-8

Ⅰ. ①定… Ⅱ. ①米… ②余… Ⅲ. ①女性 – 成功心理 – 通俗读物 Ⅳ. ①B848.4-49

中国版本图书馆CIP数据核字（2021）第225869号

书　　名	定 个 小 目 标 DING GE XIAOMUBIAO
著　　者	[德] 米苏夫人
译　　者	余　荃
出版发行	青岛出版社
社　　址	青岛市崂山区海尔路182号（266061）
本社网址	http://www.qdpub.com
邮购电话	0532-68068091
策　　划	周鸿媛　王　宁
责任编辑	王　韵
特约编辑	孔晓南
封面设计	毕晓郁
照　　排	青岛乐道视觉创意设计有限公司
印　　刷	青岛双星华信印刷有限公司
出版日期	2022年1月第1版　2022年1月第1次印刷
开　　本	32开（710毫米×1000毫米）
印　　张	3.5
字　　数	40千
书　　号	ISBN 978-7-5552-3313-8
定　　价	29.80元

编校印装质量、盗版监督服务电话　4006532017　0532-68068050
建议陈列类别：心理自助　励志

向拖延症说再见

你是否有过以下感受：马上就要考试了，可就是打不起精神复习；明天就要做项目汇报了，可就是迟迟动不了笔；早就和朋友约好要见面聊一聊，可不知怎么回事，就是定不下来具体时间；办公桌上没处理的文件堆成了小山，可心里还惦记着有没有账单到了还款的截止日期；父母那里也好久没回去了，但总是无法成行……

其实，这些都是拖延症的表现。拖延症为什么总是发作？到底是什么让你做事提不起精神？应该如何改变这种情况呢？

拖延症产生的原因有很多，"病情"也有一个逐渐"恶化"的过程。从刚开始的"有点儿懒，不想动"，慢慢发展到"我做不到啊"，最后"病入膏肓"，变成经常性的拖延。这种

"病"实际上是自我调节失败的表现，往往会导致种种不好的结果，需要我们引起足够的重视。

我本人就曾经是轻中度拖延症患者，所以我非常想知道拖延症该如何治愈。为此，我做了很多研究，并尝试了很多不同的方法。现在，我已经掌握了解决这个问题的窍门，可以告诉你应该如何让自己变成一个有目标并且能够将想法付诸行动的人。

抱歉，我还没有做自我介绍：我是米苏夫人。对我来说，端着一杯拿铁和我最好的朋友闲谈，就足以让我感到幸福！

还等什么呢？让我们撸起袖子开始干吧！只要行动起来，目标就能实现！

米苏夫人

目录

千里之行,始于足下	1
• 现在就出发	7
• 定个小目标	12
• 15分钟训练法	16
• 养成好习惯	20
• 磨刀不误砍柴工	23
• 寻找合适的工作场所	26
• 屏蔽干扰	29
振奋起来	34
• 实践才有收获	36
• 尽快拿个主意	44
• 工作也能很有趣	48

- 给自己一点儿奖励　　　　54
- 让想象力飞起来　　　　　61
- 把计划告诉他人　　　　　66
- 把不好的结果想到前面　　69
- 权衡利弊　　　　　　　　73
- 你会给朋友提什么建议呢?　77
- 换个说法　　　　　　　　80
- 仪式感能创造奇迹　　　　82

时间管理速成法　　　　　　86

- 给自己制造压力　　　　　87
- 制订每日待办事项清单　　89
- 利用碎片时间　　　　　　91
- 制订年度计划表　　　　　94

结语　　　　　　　　　　　99

千里之行，始于足下

如果你已经意识到做事爱拖延是一个棘手的问题，就已经迈出了走向成功的第一步。我想对你说的是，想要做一些改变的想法是完全正确的。从长远来看，一次又一次地推迟工作、约会等各种各样的事情，会严重影响你的生活，甚至会影响你的身体健康。

没错，这种情况就曾经发生在我身上。明明早就制订好了工作方案，却总是到了最后一刻才开始行动。然后呢？巨大的压力便会呼啸而来。假如这项工作刚好又很棘手，那么接下来的几个小时乃至几天就别想闲着了。

拖延带来的后果我们心知肚明，然而我们还是忍不住一个劲儿地将事情往后拖。其实这并不是明智的做法，不是吗？

拖延症最典型的例子就是学生时代的考试前临时抱佛脚。下面描述的这种感觉，我猜大多数学生都有过：复习的时候，总是觉得有更令人愉快的事要做，就连洗衣服、熨衣服这种平时觉得枯燥的事也突然变得有趣起来。

直到时间所剩无几,才不得不开始复习。这就导致你不仅要将白天的时间完全投入复习中,连深更半夜也要头悬梁锥刺股,被沉重的学习任务压得喘不过气来。

这就是压力!

等到终于上了考场,你昏昏欲睡,筋疲力尽,顶着两个黑眼圈,费了九牛二虎之力,好不容易才答完了试卷。也许最终的成绩还过得去,但是你的心里很清楚,如果你能投入更多的时间和努力,成绩还会更好。或者,可以这么说:要是能早一点儿开始复习,那该有多好!

现在就出发

"明天就开始"这句话我不知从别人口中听到过多少次,我自己又说过多少次。总之,这句话就是爱拖延的人最常用的借口。

这句话乍一听似乎没有错,明天又是崭新的一天,我们将有一整天的时间来处理手头的工作。但是,只要这个想法浮上心头,我们就应该马上提醒自己:**越早开始工作,任务往往就能越早完成**,我们就会有更多的闲暇时间来享受生活的乐趣。

但是,一定会有人这么说:"反正都是享受生活,工作完成之前享受和工作完成之后享受有什么区别呢?我觉得享受当下最重要,至于那些糟心的事,以后再说也不迟。"

不过,我相信反对这种观点的朋友也不少,

否则也不会有"吃苦在前,享受在后"这样的说法了。此外,"享受在前"还有一个非常明显的缺点。你当然可以选择把重要的工作先放在一边,和朋友聊聊天或者看看电视剧。可是,你可以扪心自问一下:我真的可以尽情地享受这些乐趣吗?我真的没有因为工作还没有完成而备受煎熬吗?不,不是的。尽管你一直在试图驱散"还有工作没做完"的想法,但是其实它已经深深地扎根在你的潜意识中,使你无法尽情享受生活的乐趣了。

相反,如果你已经把手中的工作做完了,就可以尽情地享受闲暇时光,不会再有哪怕一丁点儿备受煎熬和内疚的感觉,精神也会完全放松下来。你可以专注于休闲娱乐,再也不必挂念着工作的截止日期,这才是完完全全、真真正正的零压力状态。

画重点

今日事今日毕。请你勇敢地迈出第一步,直面问题,解决问题!工作开始得越早,你就能越早地开始在没有压力的状态下享受生活。

坐稳了,准备好出发喽!

定个小目标

不管是在工作中还是生活中,总有些事是需要我们提前开始准备的,无论是为下一次会议准备PPT(幻灯片演示文稿),还是准备第二天的派对要用的东西。重要的是,这些事必须做,这就意味着每天都有大量的工作在等着我们。

我们经常会这样想:算了,今天就算了,明天吧,对,明天我一定早早起床干活!可是,哪怕我不说,根据你的经验,你也能预料到明天大概率会发生什么情况了。几乎可以肯定,即使到了第二天,我们也不会马上开始处理这件事,原因很简单:**事情越攒越多,变得越来越难处理,因此我们就越来越不想迈出第一步。**

面对这种情况,我们应该怎么办呢?我举一个小小的例子来说明吧。想象一下下面这个场景：有一大片草莓需要你一个人采摘完，而且你没有任何工具。你会怎么想？这可是一大片草莓，想要靠自己用双手采摘完，你至少需要花一整天的时间。这么大的工作量，只是想一想都觉得头大，恐怕就连酸酸甜甜、鲜红欲滴的草莓都无法勾起你的食欲了。

但是，如果每天只需要摘一篮子草莓呢？这个工作量一点儿也不大，你很快就能完成。就这样每天向着最终的目标前进一点儿，每天都能看到成果——一篮子新鲜美味的草莓。嗯，真好吃！

分解大目标

把大目标分解成一个个务实一点儿的小目标,再按部就班地一个个完成,可以极大地增加实现大目标的概率。例如:你可以把本来打算花一整天(甚至还要通宵)去完成的任务均匀地分配到一周中的每一天,每天完成一点点,这样一周后你就可以完成整个任务。

正式开始之前,你可以先用一小时的时间,制订一个可行的方案。方案包括以下内容:这次任务的主题是什么?我的信息渠道有哪些?我需要哪些辅助工具?有哪些地方是我需要特别注意的?完成任务的过程中最重要的环节是什么?

考虑这些问题有助于你厘清思路,**将整个任务合理地分解成一个个子任务,制订出切实可行的每日计划。**每完成一个子任务,你都可以这样告诉自己:"太好了,我完成了!今天已经做得够多了,我可以停下来了!"

当然,有时候情绪到了,你可能根本不想停下来。一旦进入忘我的状态,人往往会忘记时间,完全沉浸在工作中,这种情况并不少见。当兴致来了,工作会瞬间变得容易起来。如果你进入了这种状态,当然可以接着干,借着这种势头大踏步地前进。

15分钟训练法

这个方法适合那些面对工作怎么也提不起劲儿，总是找这样或那样的借口拖延的人。我的朋友法比安之前就总是这样，直到她发现了这个方法，才征服了内心的那头"偷懒怪"。

这个方法的关键是把每次要完成的工作量减到最少，最好花15分钟就能完成。一次坚持工作15分钟，每个人都能做到，对吧？

工作量看起来越少，我们就越容易鼓起勇气开始行动。这个方法的奥妙就在这儿：将工作量减少到15分钟就可以完成，这样就连我们心中的"偷懒怪"都不会说"不，我不行！"，因为15分钟真的是太短、太容易坚持了，即便是特别没有耐心或是对这项工作一点儿兴趣也没有的人，坚持15分钟也并不困难，这就使得我们完全没有道理不马上开始行动。

俗话说得好：万事开头难。只要迈出第一步，后续工作开展起来就容易多了，15分钟很快就会变成一小时乃至更长的时间。

这个方法对法比安来说特别奏效。她现在几乎将这种方法用于做所有的事——从整理家务、学习外语到处理工作中的各项事务。

我的建议：

　　为了使"15分钟训练法"更加奏效，你可以把这个完成时长为15分钟的任务写在记事本上，这样你可以随时看见它并提醒自己为这个任务留出时间。

养成好习惯

习惯成自然,这句话放之四海皆准。对于习惯了的事,我们往往自然而然地就做完了,甚至连想都不用想,比如每天早起洗漱、日常上下班和工作中的例行事务。这一点很好理解,想想自己在每次刷牙时是否会思考这件事该如何做就知道了。

把处理烦琐事务加入你的"例行程序"并养成习惯,能让你做起事来更游刃有余。比如熨衣服,你可以试着给这个让人头疼的任务安排一个固定的时间,例如每个星期二晚上的7点至8点。如果觉得单纯地熨衣服枯燥乏味,不妨一边熨衣服,一边听听音乐、看看电视。衣服熨完之后,给自己冲一杯咖啡或吃一块巧克力解解乏,犒劳一下自己。这样坚持上几个礼拜,你就会养成习惯,自然而然地将每个星期二晚上的时间预留出来。

这个办法也适用于处理账单。每周安排一个固定的时间来处理账单,而且尽量在一天内处理完所有账单,不管它们离截止日期还有多久。这些烦琐的事务越早处理完越好,这样你就不会收到逾期提醒之类的警告信息了。

处理电子邮件也是有窍门的。每次收到电子邮件后不必立刻打开,因为这会打断你处理手头上的工作的节奏,导致你无法专心地完成当下要做的更重要的事。最好的办法是设置一个电子邮件阅读时间,并持之以恒地执行下去。例如:

你可以每天早上一到办公室就阅读电子邮件,并立即回复紧急的邮件,这通常只需要几分钟。然后在午餐后或是下班前一小时再查看一遍电子邮箱。这样一来,你就能养成一个很好的习惯,把一切安排得更加井然有序。

磨刀不误砍柴工

如果前面的方法对你不起作用,我这里还有一个小诀窍:**先做好准备工作,但是不正式开始做。**

这句话听起来有些矛盾,但是相信我,这个方法确实有效!磨刀不误砍柴工,先把准备工作尽可能做得充分一些,这样下一次就可以直接开始工作。

例如:如果你需要在家中写一篇较长的专业性强的论文(或者像我这样写书稿),可以先布置好工作场所。你可以找一个地方,将其打扫干净,如果有一张像样的办公桌就更好了。接下来,你可以把笔记本电脑、相关文件和参考文献都放在桌子上,其他的辅助工具,如钢笔、书签、便利贴、荧光笔等所有你可能需要的一切也都一一摆放好。你可以提前把书签放置在待阅读的那一页之前，或者用荧光笔把文件中的重要部分提前标记出来。你还可以在电脑上新建一个文件夹，并且把相关网页添加到网页收藏夹中，还可以创建一个文本，并且提前命好名。认真地做好这一切，但切记，不要动笔！

做完这一切，即使一个字也没写，晚上躺在床上时你也能安心入眠。因为你知道，所有的准备工作都已完成，明天早上一起床，你就可以立刻开始工作，开启高效的一天。

寻找合适的工作场所

对于供我们学习或工作的场所，我们应该精心挑选。这个地方既不能让人容易分心，也不能让人过于放松。比如卧室本来是让人休息和放松的地方，如果长期在卧室中工作，我们的大脑在卧室中可能就无法切换到休息模式了。客厅也不能算是最佳选择，因为大多数客厅中都放着电视，这会让人不由自主地想休息一下。

那么，如果必须在家工作，我们该怎么办呢？最佳的选择当然是书房。如果家里没有书房，厨房也是一个不错的选择，因为那里除了冰箱以外，几乎没有其他干扰。不过，零食的诱惑不容小觑，几包零食就能让我们的注意力大打折扣。另外，如果没有噪声之类的东西干扰，家中的花园和阳台也是不错的选择。

需要注意的是,在咖啡店、广场或公园工作听起来似乎是个不错的主意,但实际上并不是这样,因为这些公共场所往往充满了噪声,容易使我们无法集中注意力。

我的建议：

有时候和其他人一起学习或工作是不错的选择，这会使我们提高兴趣、更有动力。

但是要注意，在这个过程中，一定要把全部的精力都用在干正事上。如果大家凑在一起只顾着聊天，就应该果断终止这个"聚会"，因为这时你的工作效率还没有自己干的时候高。

屏蔽干扰

此刻,请你先停止阅读,思考下面的问题:你的手机现在在哪儿?是在手提包里、口袋里,还是就在你的手里?反正,它一定在你触手可及的地方,对吧?

如今,手机简直是我们注意力的第一大"杀手"。一通电话或一条信息就能打断我们的思路,而且我们往往需要花很长时间才能重新集中注意力。

我想每个人都遇到过下面的情形:当你正在专心致志地干活的时候,耳边响起"叮"的一声——手机收到了一条短信。谁能忍得住不马上看一眼手机呢?毕竟这又花不了多少时间。

有了智能手机之后,情况更糟糕了。打电

话、发短信、用即时通信软件聊天、上网、听音乐、玩游戏……智能手机简直集合了所有的干扰因素，我们能用手机干的事实在是太多了。

当你要做一项需要集中注意力来完成的工作时，手机可能会变成你最大的阻碍：互联网上的信息会让你分心，游戏会让你忘记时间，就连平日里觉得无聊透顶的综艺节目，都会在你需要处理烦琐的工作时变得有趣起来。

朋友和家人也是干扰因素之一。虽然在大部分情况下，我们都会对他们抱着欢迎的态度，但是当你需要集中注意力工作的时候，可能就无暇顾及他们了。遇到这种情况时，你可以直接告诉朋友和家人自己的需求，当你想要独处的时候也是如此。

当然，说起来容易做起来难。就在我写这部分内容的时候，刚好有个朋友打来电话，喋喋不休地说个没完。如果我还想按计划完成今天的工作，就必须得加班了。

办公室里的干扰源

上述情况也适用于办公环境。你可能会发现,有些同事自身就是办公室里的干扰源。想象一下下面的场景:当你正在全神贯注地处理手头上的工作时,办公室里一会儿进来一个人请你帮他一个忙,一会儿过来一个人跟你打招呼,你的注意力就这样一次又一次地被打断。面对这种情况,唯一的解决办法就是大声说"不":"不,我现在暂时走不开,没办法帮你的忙。""不,我现在没空和你聊天。"

最神奇的咒语就是"不"!

振奋起来

有时候,我们拖延的原因是缺乏动力。比如,尽管我内心很喜欢写作,但是当我为了给读者呈现出一部更好的作品而不得不去研究一个复杂的问题,或是翻阅大量的专业文献时,内心的"偷懒怪"就会开始兴风作浪。

我想我们每个人都有过因为缺乏动力而停滞不前的经历。缺乏动力的原因有很多,例如:觉得天气太好了,不出去玩儿太可惜了;心情不好,无精打采,想做更有趣的事;任务又无聊又让人看不到完成的希望;想去会会朋友;想看看喜欢的节目或读一本书;觉得领导的要求太高了,自己根本做不到;觉得任务太简单了,根本不屑于努力;觉得工作环境差、同事很烦……

不管是什么让我们提不起做事的热情,只要

略施小计,我们就可以将其一一击破,重新振作起来。

从现在开始,振作起来,**相信不久之后你就能充满干劲地开始工作了!**

实践才有收获

有些人之所以对一些摆在眼前的任务视而不见,是因为他们觉得这些任务看起来实在是太难完成了,于是心生恐惧,迟迟不想开始行动。

我的朋友克洛艾就是这样。作为客服人员,因为害怕客户抱怨、生气或是被客户拒绝,她总是绞尽脑汁地避免给客户打电话,这使她错失了很多机会,因为她的工作性质要求她与客户建立联系、搞好关系,这既是提高业绩的关键,也是老板的要求。

克洛艾的困难在于,她不知道该如何掌控对话。或许有些客户本身是友善和气的,但是在与客服沟通的时候,他们可能会突然发脾

气。一想到这个，克洛艾就觉得不舒服，因为这让她觉得自己掌控不了对话的节奏。那么，如果你是克洛艾，你会怎么做呢？

最近，我和克洛艾在一起喝咖啡时详细地讨论了这个问题。我们得出的第一个结论是：克洛艾应该意识到，电话那头的人是看不见她的，而这正是她的优势。除此之外，她还可以在打电话之前做一些笔记，这样可以做到心里有底，给自己更多的安全感。最重要的是要想明白，即便客户不耐烦，说了一些不恰当的话，客服也不需要当回事。客户的不满是针对产品或公司的，而不是针对客服本人的。

然而，作为客服，即使并不需要对产品的质量问题负责，但是在产品出现问题时，他们往往要直接面对客户的怒火。面对这种情况，客服一定要直截了当地给客户指出，产品出问题并不是自己的过错,还可以说明自己虽然是客服,但是也不愿意被骂。与此同时,一定要告诉客户,自己一定会尽全力地帮助他们解决问题。

经过讨论,克洛艾不再焦虑和恐惧。第二天,她就成功处理了大量的客户来电。当然了,这只不过是一个特例,下面这句话才具有普适性:

当我们把全部注意力都放在工作本身,思考如何才能做好它时, 焦虑和恐惧自然而然地就消失了!

害怕某项任务的原因还包括：

- 觉得时间太紧，任务难以完成。
- 感觉力有不逮。
- 不喜欢要完成的任务。
- 觉得责任太过于重大。
- 害怕结果不尽如人意。

你一定行!

你要相信自己,只要专心致志,就一定能够完成任务。"我不行"这三个字是你最大的敌人。相信自己,你一定行!

当你被委派一项任务时,你要对自己说:"我一定会不负所望,一定能完成任务、负起责任。"毕竟,别人信任你并且能看到你身上的潜力,是对你巨大的赞美。

但是,如果你真的感到不知所措,就必须直面这个问题。你可以告诉老板、朋友、同事、老师等人你的想法和面临的困难,不用担心,**你一定可以找到解决问题的方法的。**

害怕结果不尽如人意的情绪是可以理解的,但是要知道,你迟早要面对结果。所以,不如坦然地面对自己和这个结果。把该做的事情往后拖终究不是解决问题的办法,事情的结果不会因为拖延而变好。恰恰相反,拖延往往会让事情变得更糟,还会影响与这件事相关的其他人员。

瞄准目标向前冲!

画重点

一味念叨"这样肯定不行""我做不到"于事无补。不开始,就永远不知道结果到底会怎么样。

尽快拿个主意

有时,我们对某个任务一拖再拖是因为我们认识不到或者说不想认识到这个任务的重要性。当然,这个任务可能真的没有那么重要,甚至是多余的。

遇到这种情况时,你可以先把完成这个任务都需要做什么具体地写下来,然后仔细考虑这个任务是否真的有必要完成。如果答案是肯定的,再进一步思考这个任务是否必须由你来完成。也许你可以把它交给同事、伴侣或孩子来完成呢?要确保这个人可以胜任后,再将任务委托给这个人。

当然,如果这个任务的确不重要,就可以直接把它从待办事项清单上删去。

当一件事情悬而未决时,你的心情难免会受影响,因此不如快点去解决它。不要总是说:"等等再说吧,现在我真的不想做。"要明确地告诉自己:"从现在就开始做吧,我一定行!"

总之,要么把任务委派给他人或者干脆从待办事项清单上删去,要么马上开始,直至任务完成。

选择不同,结果也不同。如果我们在做事的时候能够主动一些,就会自然而然地全身心投入其中。这时,我们心里想的都是怎样才能把这件事做得更好,怎样才能避免失败,因为眼前的这件事对我们来说已经不再只是一个任务,而是我们的事业!

想实现目标吗?

工作也能很有趣

当我告诉一位朋友,我正在写一本关于如何对付拖延症的书时,她突然问了我下面这个问题:

> "为什么我们从来不推迟那些我们觉得有意思的事情呢?"

的确,为什么呢?如果某件事或者某样东西会给我们带来快乐,我们肯定会迫不及待地迎接它。就像我们会在新年到来之前兴高采烈地装饰房间,热情高涨地制订出游计划,满心欢喜地为约会做准备……我们热切地期盼着美好时光的到来，然后在结束后总觉得还没有享受够。

工作是否也可以这样呢？如果工作的时光能像离弦之箭一样跑得飞快，以至于我们还没有什么感觉，一天就过去了，这样的工作状态听起来是不是很棒？或许你是个幸运儿，需要做的事恰好是自己喜欢做的，但是不得不承认，大多数人整日都在做着自己不喜欢做的事，比如上班、学习、做家务……其实，我们可以想办法让这些烦人的事变得有趣起来。

认真地思考一下：**你有没有很喜欢做的事？** 有没有一些事让你在做的过程中觉得乐在其中、无法自拔？

你在哪些时候会喜欢自己的工作？ 有没有一些任务虽然你必须如期完成，却完全不觉得有负担？这些任务的特点是什么？

我喜欢的任务

一辈子那么长，总要有几个能陪伴自己终生的爱好。

塑造理想的工作环境

仔细回想一下你最喜欢的任务有哪些特点。你是不是一个团队型的人,在与其他人合作的时候会更有创造力,工作效率会更高?如果是的话,那就加入或者组建一个团队吧!例如:在你必须做大扫除或者搬家的时候,找一些朋友来帮你,这样做或许不仅会使手头的任务变得不那么令人难以忍受,还会为你带来很多乐趣。

如果你喜欢自己一个人待着也没问题,我的朋友克洛艾就是这样。她不仅不喜欢接客户的电话,有时候还想远离办公室和那里的所有人。幸运的是,她的老板允许她远程办公。这样一来,她只需拿起笔记本电脑,将她的工作场所挪到安静无人、满眼翠绿的花园中就行了。在这种清新宜人的环境中,她可以专注于接电话、回复电子邮件、填写各种表格，就像是在度假一样。

　　对你来说，理想的工作环境是什么样子的？对一些人来说，舒缓的音乐可以帮他们集中注意力。而对另一些人来说，在办公桌上摆上家人的照片是一件很重要的事，这样可以让他们时刻牢记自己每天早上起床工作是为了谁，或许还会使他们更加期待下班后与家人相聚的时光。不要忽略这些小事，因为大改变往往蕴藏在小事情中。相信我，有时只需泡一杯散发着香气的热茶就能让办公室瞬间变成一个让人感到幸福的地方。

给自己一点儿奖励

有时，只要对自己更好一点儿，适时给自己一些奖励，拖延的情况就可以有很大的改变。你既可以在自己完成了一个阶段性任务之后奖励一下自己，也可以在完成整个任务之后再奖励自己。把这两种方法结合起来使用，效果会更好。当然，阶段性奖励不要比最终的奖励更贵重。

还要注意，有一些奖励需要一定的自律性，比如玩电脑游戏可能会使你上瘾，和朋友聚会可能会浪费整个下午的时间。一定要小心不要沉溺其中。

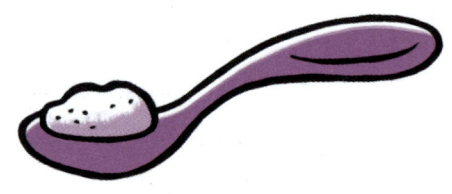

阶段性奖励

- 吃一大块巧克力。
- 喝一杯最爱的咖啡。
- 享用一个美味的冰激凌。
- 看一期喜欢的综艺节目。
- 读一本自己喜欢的书。
- 锻炼一下。
- 和朋友聚餐。
- 玩一会儿电脑游戏。
- 在花园里晒一会儿太阳。

完成就是最好的奖励

当然，其实对我们来说，最大的奖励就是任务顺利完成，是经过了艰苦努力，终于完成了令人厌烦的任务、如释重负的那一刻。任务完成后，你可以去买一些平时舍不得买的东西，做一些一直想做却没机会做的事。是时候把商场橱窗里那双让你心心念念了许久的靴子买回家了！是时候去听一场演唱会了！总之，有什么愿望就去实现，想做什么就去做！

送给自己的奖励

画重点

要相信,越早完成那些乏味的工作,就能越早得到奖励。尤其是当你缺乏埋头苦干的干劲时,更要用这个理由来说服自己!

充分发挥想象力,提前在脑海中勾勒出成功后的美好景象!

让想象力飞起来

你的想象力怎么样?别担心,这是人类天生就有的能力。闭上眼睛,想象一下任务顺利完成后的那一刻……有画面了吗?

堆积如山的任务已经完成了,你卸下了肩上的重担,将悬着的心放了下来。你为自己终于完成了任务而感到自豪。身边的人对你表示钦佩,这种认同感让你很受用。

好处还不止这些呢!想一想,任务顺利完成后,你还收获了什么?家终于变得干净、整洁、令人舒适了;期待已久的升职加薪终于实现了;毕业证和学位证顺利拿到手了;梦寐以求的工作终于争取到了……还有,在健身中心挥汗如雨、放弃高糖高热量的食物所获得的巨大成就,是不是已经让你迫不及待地期盼着夏天的到来,就可以穿着比基尼在沙滩上晒太阳了?

无论要完成的任务是什么,你最好都能充分发挥自己的想象力,提前在脑海中勾勒出成功后的美好景象。记住,不要沉浸在让自己痛苦的念头里,总想着完成任务需要付出多少汗水和努力,而要多去想象一下完成任务后你会有多么快乐,那个时候的景象会是多么美妙。

一切都会好起来的——你要这样对自己说。**不要犹豫,现在就行动起来吧!**

缺乏想象力怎么办？

有时候，你可能会觉得任务过于艰巨，以至于根本想象不出任务完成后的景象，只能任由眼前堆积如山的必须完成的琐事充斥自己的脑海。在这种情况下，你可以考虑一下下面的B计划。

你可以将所有阶段性任务和阶段性目标写在一张大一点儿的纸上或白板上，做成任务列表，完成一个就画掉一个，这样已经完成了多少任务以及还有多少任务需要完成就一目了然了。

你最好将这张纸或白板放在随时都可以看到的醒目的地方，这样一来，你会觉得最终的成功正在一点一点地变得触手可及。

撰写学术论文时，你可以参考如下步骤，将整个任务分解为一个个的阶段性任务：

- 找一张书桌，将会用到的工具和文具摆放好。
- 整理已有资料。
- 去图书馆或上网查阅资料。
- 阅读资料，做好笔记。
- 完成论文大纲。
- 开始撰写论文。
- 修改及校对。
- 提交论文。

我的建议:

　　以下方法适用于所有任务列表:每完成一个任务就将这个任务画掉或是在它的前面打个钩。如果是在白板上写的,可以直接擦掉。这样做不仅可以增强我们的自信心,还可以提醒我们尽快进行下一步。

把计划告诉他人

把计划告诉他人也不失为一个激励自己的好方法。把自己要完成的任务和截止时间告诉亲朋好友,最好是告诉同事,无论这个人的身份是什么,总之得是一个你不愿意把自己的缺点暴露在他面前的人。这样一来,你就会感到有压力,进而强迫自己马上开始行动,以便在规定时间内完成任务。

你还可以让这个人时不时地给你打个电话,询问一下任务的进展。注意,不要有作弊的想法!如果你有这样的念头,那么最好选择与你一起生活的家人来监督你。

其实,这个方法我已经用了很长时间了,只是自己没觉察到而已。我平时就很喜欢和朋友们交流自己对正在做的事情的看法,朋友们也往往能够给我提出许多不错的建议,让我备受启发。此外,由于他们总是不断询问事情的进展,我还从他们那里获得了许多动力。

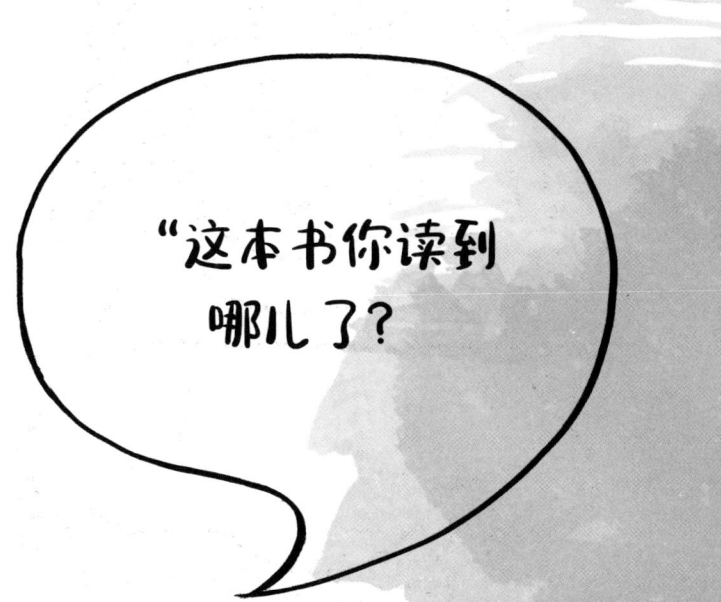

"这本书你读到哪儿了?

把不好的结果想到前面

你是不是已经厌倦了为了学习而学习，或者觉得公司会议简直是在浪费时间？你是不是早就想减肥，但就是抵抗不了奶油蛋糕的诱惑？你是不是觉得，既然杂草除不尽，那么为什么还要把时间浪费在修整花园上呢？

不管你现在面临的任务是什么，都先放一放，畅想一下未来——这次不是畅想任务完成后的美好景象，恰恰相反，**是想一想任务一直拖着不完成会造成什么样的后果。**

设想一下：如果事情一直拖着不做，会发生什么？如果很晚才开始行动，做事的过程中又不用心，会发生什么？这些问题的答案再简单不过了，只需要具备些许常识就可以回答。

让我们以除草为例。没错，花园里的杂草过

一段时间就会重新长出来,修整花园确实是一项重复性的工作,容易让干活的人提不起兴致来。但是,如果你今天能花一点儿时间好好修整一下花园,周末的时候就能和家人在打理过的草坪上开烧烤派对了。当然,你也可以和家人在室内开派对,但是那样的话,不管派对的气氛有多么热烈,也掩盖不了你没有好好打理花园的事实。长辈们(尤其是你的婆婆)看着杂草丛生的花园,免不了要对你指指点点、说三道四。

此外,有时任务拖的时间越长,需要做的事就越多。放任杂草自由生长的时间越长,杂草就会长得越疯,打理起来就越麻烦。长此以往,不仅无法随时在花园里开派对,修整花园也会变成一项巨大的工程,让你不知道该从何处下手。

这么一想,其实越早开始干就越轻松,对不对?

退一步说,在修整花园方面偷懒不会造成多么严重的后果,最多是让你无法随时开派对。但是,学习方面呢?要知道在这方面偷懒、拖延的话,后果会严重得多。偷懒和拖延可能会让你的成绩达不到应有的水平,甚至会让你挂科、无法毕业。这可能会引发一连串的严重结果:你可能会错过期待已久的工作机会,整个人生规划就此打乱,甚至影响到一辈子的前途。

这样的未来真让人不安,不是吗?

权衡利弊

在做了上述练习后,如果你仍然克服不了拖延症,不妨花一点儿时间权衡一下利弊,这样做或许能帮你做出对自己最有利的选择。你可以想一想:今天晚上是看电视呢,还是处理手头上的工作呢?"答案不是很明显吗?"刚开始你可能会这样说。当然,理智上你一定会选择后者。但是,你最好还是耐着性子,认真严肃地梳理一下这两个选择各自的利与弊。做出(或者不做出)某一个选择,在短期内的利与弊分别是什么?从长远来看呢?

拖延的**典型借口**包括：

- "我现在没心情/好累。"
- "我更喜欢玩电脑/读书/看电视。"
- "这件事根本行不通。"

而马上开始行动的**动力**包括：

- "开始得越早，完成得就越早，到时候我就能没有任何心理负担地娱乐和放松了。"
- "如果马上开始做，我的压力会更小，犯错误的可能性也会更小。"
- "这样做有助于实现目标。"

做一个利弊分析表。

你会给朋友提什么建议呢？

想象一下下面这个场景：你的一位朋友突然获得了一个向总公司的领导做项目汇报的机会。这是一个多么难得的机会啊！如果她能完美地向领导展示自己的工作成果和能力，她的职业生涯就很可能发生翻天覆地的变化。

但是，她并没有全身心地投入这项工作中，反而总是在忙些有的没的。她没法沉下心来准备汇报要用的PPT，因为总是有一些琐事需要处理，还需要多和新同事熟悉熟悉，给他们交代工作。什么，周末？不，她周末也没时间，因为家里的花园中已经长满了杂草，急需她去打理。而今天晚上她终于挤出了一点儿时间和你聚一聚，毕竟你们已经好久没见了……

面对这样的朋友，你会对她说什么？我猜你可能会这样说：

"如果我是你,我现在就什么事都不干,一门心思地为这场汇报做准备。这是工作,新同事会理解你的,如果他有什么地方不懂的话,别的同事也可以帮助他。花园里的杂草没那么重要,它们又没长腿,不会跑的,什么时候处理都可以。我就说到这,你赶紧回家做PPT吧,等你做完了汇报咱们再聚,预祝你旗开得胜!"

画重点

当局者迷，旁观者清。事情发生在别人身上的时候，我们总是能够给他们提出很好的建议。所以，遇到一件棘手的事时，我们需要做的是换位思考，尝试暂时从事情中抽离出来，重新审视这件事以及自己的行为，这样自然而然就知道应该怎么做了。

换个说法

上班、上课、熨衣服、打扫卫生……听到这些词,你是不是头都大了?别急,试着给它们换一个令人愉快的叫法,或许你就会发现新大陆——这些事情好像变得有趣了!比如,我现在去的不是"办公室",而是"动物园";晚餐不是"做"出来的,而是"变"出来的。总之,换一个叫法的原则很简单:

让任务看起来有趣一些!

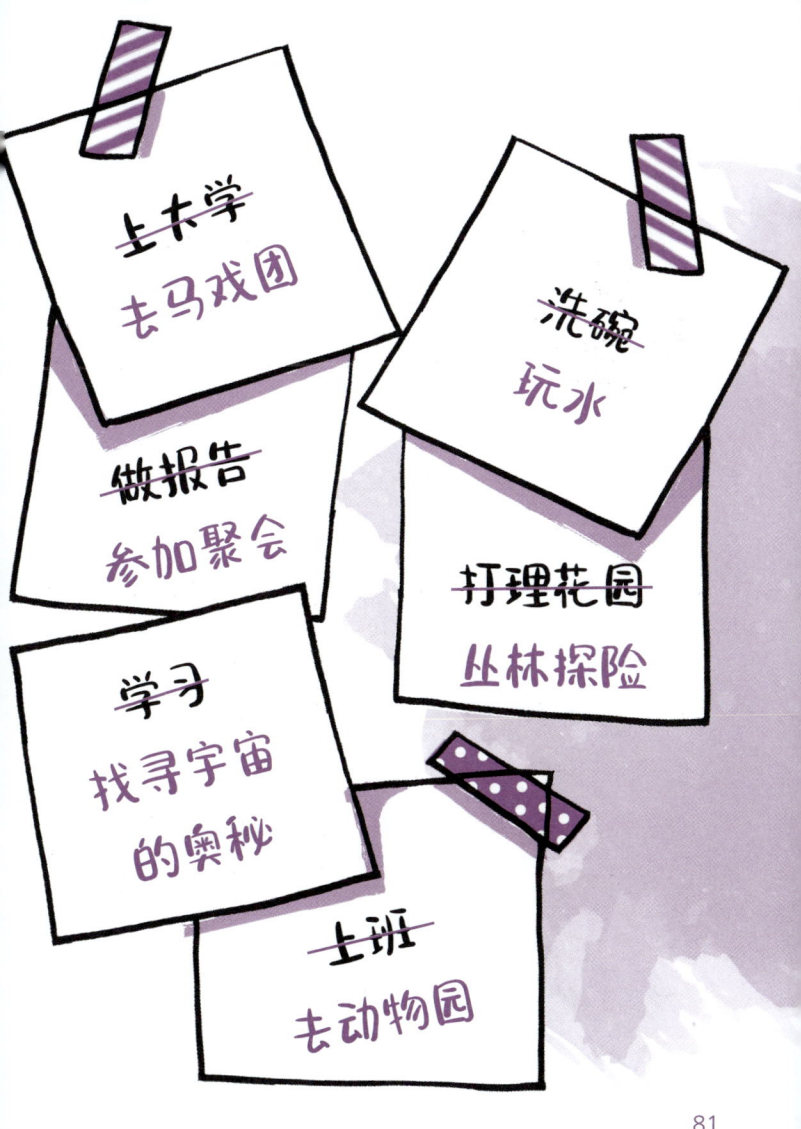

仪式感能创造奇迹

许多职业运动员（包括一些体育迷）在比赛开始之前都喜欢举行一个小小的仪式。有些话剧演员也有这样的习惯，就算大幕马上就要升起来了，他们也要见缝插针地完成仪式。职业运动员和话剧演员的这种做法，我们普通人也可以参考，**因为仪式感常常能够创造奇迹。**

例如：如果某一次考试成绩特别好，有些人就会在下一次考试的时候，特意使用上一次考试时用的笔；有些人在面试时总是会佩戴同一块手表、同一条项链或其他"护身符"。尽管有些仪式或做法听起来让人有些匪夷所思，但是只要它们能带给我们信心，就都是可行的。

如果你即将要做一个演讲，又因为性格内向

而有些害怕，就可以随身携带一个"护身符"，并提前在朋友们面前彩排一下。提前彩排能够帮你缓解紧张情绪，朋友们的反馈也会对你有所帮助。这样一来，当你真正站在舞台上面对陌生观众的时候，就会感觉到口袋里的"护身符"在源源不断地给你传递力量，因为它会让你想起朋友们对你的支持。

当然，你还可以尝试其他有助于坚持完成任务的方法，其中短暂休息就是一个很好的方法。你可以在两堂课之间看一集时长在10分钟以内的情景喜剧，这样能使你得到休息和放松，也算是对自己的一种奖励。

一旦找到了最适合自己的那种仪式或方法，你就会在它的帮助下一次又一次地实现目标。

时间管理速成法

只要稍微思考一下,我们就不得不承认,"总是拖到最后一刻才完成所有事"与良好的时间管理能力根本不沾边。不仅如此,拖延这种不良习惯还会给生活带来不必要的麻烦。当截止日期越来越近,剩下的时间越来越少,我们的压力就会越来越大,开始手忙脚乱,有无从下手的感觉。

为了避免陷入这种恐慌,我们应该学会时间管理。对于如何进行,我已经仔细研究了一段时间,多少有一些心得体会。下面,我将为你提供一些建议,这些建议都是我根据自身的经历总结出来的,至少对我个人来说是有效的,证据就是我用这些方法按时完成了这套书的写作,没有拖稿!

 **给自己制造压力**

有些人为了能早一点儿到公交站，不错过公交车，会把表调快5分钟。这个方法听起来很简单，对吧？或许你会怀疑这个方法的可行性，毕竟对于自己的表快了5分钟这件事，操作者可是心知肚明的。但是，相信我，事实证明，这个方法是有效的。只要看表时发现时间不多了，我们自然而然地就会加快速度。毕竟，我们不想冒险。尤其是当你把能看到的表都调快相同的时间，比如把手机、电脑、汽车上的表都调快5分钟，就会发现，这个方法的效果好得出奇。

另外，把任务的截止日期在日历上标出来也是一个制造压力的好办法。我的建议是，当你把做汇报或交作业的截止日期用记号笔标注在挂历、台历等上面时，最好比实际上的截止日期提前几天。至于提前的天数，可以视具体情况而定。当然，还要考虑项目的规模大小。当这个截止日期天天出现在你的眼前时，总有一天你会真的认为你必须在这个日期前完成这个任务。此外，这样做还有一个好处是，当你完成任务后，还有一些额外的时间可以用来修正错误。

制订每日待办事项清单

的确,详细规整的待办事项清单可能会带给人压力,但不得不说,它真的非常实用。如果我们对每天的工作内容了然于心,就可以提高工作效率,因为我们可以大致估算一下完成某个任务所需的时间,并提前做好准备。

我的建议是:你最好在每天早上或者前一天晚上列一个详细的每日待办事项清单,让制订计划变成一种习惯。例如:你可以在吃早餐的时候,把当天要完成的任务写下来。别忘了在办公桌上也放上一张清单,以便你随时查阅,掌握任务的完成情况,这样你就不必整日担心自己是不是忘了什么。此外,你还必须意识到一件事,那就是当天没有完成的任务会被写在第二天的清单上,任务就会越积攒越多,压力就会越来越大。当然了,对于那些已经完成了的任务,你就可以大笔一挥,直接画掉啦!

我的建议：

先苦后甜，把最大的或者最困难的任务放在最前面。

你也许会犯嘀咕："天哪，如果这样做的话，我该如何激励自己呢？"别担心，相信我，这个方法绝对会创造奇迹！原理很简单：一旦完成最大的或者是最困难的任务，剩下的就是小菜一碟了。另外，如果你能在一天的早晨就有了成就感，那么这一整天你都会动力十足。

 **利用碎片时间**

你是不是有时会抱怨,一天的时间怎么这么少?你是不是觉得时间根本不够用,因为要做的事实在是太多了?

针对这种情况,我的建议是:准备一个日历,将每天划分成一个个时段,然后在各个时段中写上要做的日常事务,如午休、上班、做饭、遛狗,以及一些非常规事务,如做瑜伽、购物、看最喜欢的综艺等。

填完了这些,你可以再看看日历上还有多少空白的地方,然后把这些空白的地方用荧光笔圈出来。现在,你可以清楚地看到自己什么时候有空了。你可能会惊奇地发现,每天可供自己利用的空闲时间远比之前想象的要多得多!

这些空闲时间你都可以自由支配。如果你能利用一部分时间来做正事,比如工作或者学习,总之是为实现某个目标而努力的话，当然最好。但也不要占用所有的空闲时间，留出一些空闲时间还是有必要的。最好把这些空闲时间在日历上圈出来，以便让自己意识到原来自己还拥有这么多空闲时间，这样一来，你就能更加充分且有意识地利用或享受它们了。

你到底有多少空闲时间?

 制订年度计划表

在这里,我还要向大家强烈推荐一个简单又实用的技巧:制订一张年度计划表,然后把它挂在家中某个醒目的地方。

首先,把所有周期性事务填入表中,比如支付账单、整理文件和处理邮件等,处理这些事务的频率取决于它们的积攒速度。

除此之外,还有一些周期为半年或一年的事务也不能忽略,比如看牙医或体检,毕竟这关乎我们的健康,不能马虎。对了,还有疫苗接种。当然,那些重要的周年纪念日、考试日期、会议日期和度假计划也要写下来。如果方便的话,不妨在已经完成的事务后面打个钩。

想一想,还有没有什么东西遗漏了?对了,还有朋友们的生日!这一点太重要了,一定不要

忘了写下来。如果朋友们能记得我的生日,我会非常开心的!

一切尽在掌握！

画重点

学会管理时间有助于我们缓解压力,避免很多麻烦。它可以让我们有意识地合理安排和利用自己的时间——无论是娱乐消遣还是为实现目标而努力。

结语

只要我们能掌握正确的方法,实现目标其实很简单。 开始做一件事并不困难,困难的是持之以恒地做下去。如果迟迟不迈出第一步,任务就会越堆越多,压力就会越来越大,情况就会变得越来越糟。如果我们能够妥善地安排好时间,就可以避免上述情况的发生。事实上,时间是足够的,关键是要利用好它。

开始做一件事之前,一定要考虑清楚,这件事对你来说是不是真的很重要,以及为什么要去做这件事。如果你笃定地给出了肯定的答案,那么就放手去做吧。除此之外,你还可以把一个大任务分解为一个个小任务,再循序渐进地完成。如果在完成任务时能增添一些仪式感,你说不定会喜欢上自己正在做的事——就这样,不知不觉中,你会离自己的目标越来越近!

如果任务很艰巨，需要很长时间来完成并且必须完成，你就要学会运用想象力，设想一下完成任务后自己该有多么轻松。这样一来，你就有了继续下去的动力。你还可以设置一些奖励措施，使自己更有干劲。

就到这里吧。合上书，深吸一口气，立刻开始吧！

米苏夫人